咖啡拉花全技巧

新手也能学会的25款创意拉花

Step by Step

每一款拉花都有配套视频，看视频，学拉花，新手也能学会

老爸咖啡拉花艺术认证所　著

彭思齐（黑级认证、意式咖啡师认证训练中心负责人）　示范

推荐序

咖啡拉花是一门入门简单，但难以准确把握的艺术！

第一次接触并爱上意式咖啡是因为看到有人可以用光滑绵密的奶泡在意式咖啡上做出爱心或者叶子样式的图案。除了可以享受到牛奶与咖啡融合的滑顺口感外，表面的精致图案也在视觉上给人们带来很大享受。

拉花的技巧是将牛奶打至湿性发泡的状态，让其结构可以跟意式咖啡类似而结合在一起。看似简单的动作背后却蕴藏着许多理论和技巧，只有准确掌握，才能完美呈现每一次的图案。

玩过拉花的人都经历过无数鲜奶的“轰炸”，不知道在毁掉多少杯咖啡后才得到一个经典图案或一片完美的叶子。

但是现在这本书可以让你跳过这个阶段，直接教你如何用蒸汽打出黄金比例的奶泡！书中还有许多有创意的拉花图案，让拉花不仅停留在爱心或者叶子这类简单的图案上，反复研习此书后不妨试试这些复杂又新颖的图案吧！

丑小鸭咖啡师训练中心[1]

① 台湾地区咖啡领域知名训练中心，积极参与各类竞赛并多次获得名次。

前言

咖啡拉花，英文为Latte Art，是咖啡、牛奶与艺术三者的结合。在我们的生活中，咖啡拉花已经随处可见，是各家咖啡馆必备的技巧。咖啡拉花看上去很简单，但其实操作起来并不容易，这技艺虽然常见，但之前一直没有系统性的鉴定方式。直到几年前，由意大利咖啡大师Luigi Lupi等人创立了咖啡拉花艺术认证系统（Latte Art Grading System，简称LAGS），才正式开始对咖啡拉花技巧的认证并培育咖啡师。此外，LAGS 还致力于推广咖啡拉花文化，从介绍咖啡拉花的背景开始，引起大家对咖啡文化的兴趣，增加人们对于咖啡的了解。

所谓工欲善其事，必先利其器，设备和器具的使用也是本书着重讲解的知识点。我们积极培训及认证咖啡师，希望能更广泛地推广咖啡拉花艺术，同时，让大众认识到咖啡拉花是一项专业的技术。咖啡拉花艺术认证系统会对拉花的技巧、创意及最终呈现出的艺术效果进行分级与认证，让咖啡师能够了解自己的专业程度并有依据地提高自己的能力。专业咖啡师能用咖啡拉花艺术认证系统的证书证明自己，增加可信度及公信力，而业余玩家也能在考取咖啡拉花艺术认证系统等级的同时将自己培育成专业人才。

本书由中国台湾第一位得到黑级（咖啡拉花艺术认证系统分为 6 个级别，黑级为最高级别）认证的彭思齐（Gary）老师示范教学，他同时也是意式咖啡师认证训练中心负责人，拥有丰富的认证、比赛及教学经验，能以详细又浅显易懂的方式让你迅速了解咖啡拉花文化。

一杯咖啡拉花的制作，是由各项元素集结而成的，包括如何了解及正确使用设备，如何萃取一杯恰到好处的浓缩咖啡，如何制成好的奶泡，以及如何做出品质优良的咖啡拉花，由这些点连接成线，形成美与专业的面。本所以此书作为推广咖啡拉花的媒介，从奶泡制作之前开始一一剖析，让你看到咖啡拉花最真实的样貌，更深入了解其中的各种技巧，使拉花变得容易操作，让你也能制作出多样的咖啡拉花。

老爸咖啡拉花艺术认证所

目录
Contents

本书所有拉花技法均配有示范视频，扫描书中的二维码即可观看。

Chapter 1

认识咖啡拉花艺术

认识拉花

咖啡拉花又被称为牛奶艺术。浓缩咖啡机（Espresso Machine）加热后会产生大量有压力的蒸汽，大量有压力的蒸汽经空气与蛋白质、牛奶中的脂肪摩擦后，会产生凝结的泡沫，再经气体旋转，将泡沫吸入牛奶内部，从而把牛奶与泡沫混合在一起，产生了滑顺细致的泡沫牛奶。将温热的泡沫牛奶倒入制作好的浓缩咖啡里，在短短几秒内，经由推挤、晃动、转动等不同动作组合，就能完成一杯拥有美丽图案和丝绸般顺滑口感的卡布奇诺或拿铁。

从咖啡到拉花

咖啡的起源传说很多，其中较为人熟知的是埃塞俄比亚牧羊人放牧的故事。有一个牧羊人在放牧时发现羊群显得非常兴奋，经过仔细观察后发现，原来它们是吃了某种红色果实。牧羊人后来自己也尝试了，发现这果实确实能提振精神，于是红色果实的神奇妙用就此流传开来。后来，由非洲当地人演变出将这些果实经过烘炒后再加水烹煮饮用的方法，之后，喝咖啡便成为当地人提振精神的生活习惯了。

而说到拉花与咖啡的关系，首先要认识Espresso这个词。Espresso是意大利语。在咖啡用语中，有“立即为您现煮”的意思，这种快速冲煮出来的咖啡不只量少，表面还会浮着一层厚厚的金黄色泡沫（咖啡油脂），当大家想喝一杯这样的咖啡时，为了省去麻烦，便会直接跟咖啡师说来一杯“Espresso Caffe”。

久而久之，“Espresso”这个词便成为浓缩咖啡的代名词，最后更正式成为这种咖啡的名字，而大家熟知的

Cappuccino（卡布其诺）和Caffe Latte（拿铁）等意式咖啡，皆是以Espresso作为基底，由此可看出Espresso对于意式咖啡的重要性。

以Espresso作为基底的Cappuccino与Caffe Latte，早期只是加入大量牛奶跟厚厚一层奶泡。然而，随着时代的进步与咖啡馆产业的兴起，大家对咖啡的要求愈来愈高，不再满足于单纯的奶泡，于是有咖啡师开始将原本单纯加入咖啡的牛奶，经由推挤、晃动、转动等动作制作出图样。这项技术后来渐渐变得普及，甚至有咖啡师深入钻研技术，于是后来便延伸出了“咖啡拉花”（Latte Art）这个专有名词。

至于“咖啡拉花”最广为人知的典故，则是出现在20世纪80年代左右。当时，美国西雅图当地有一位咖啡师，某次制作咖啡时，他无意间倒入牛奶，杯中意外出现一个类似爱心的图案。之后他便开始研究咖啡拉花这门技术，以爱心图样为基础，设计出不同花样，并利用堆叠的方式，设计出郁金香及蕨类叶子的图形，最后更提出咖啡拉花技艺高超与否的基础判别标准，分别为：丝绸般，如天鹅羽毛那样细致的奶泡与牛奶纹路。

咖啡拉花发展至今，在技巧与创意上都较过往更为精进，最常见的有下列两种咖啡拉花方式。

· 直接注入法（Free Pour）

将奶泡制作到小于原牛奶一定比例的量（奶泡量 < 原牛奶量），不使用工具，直接将牛奶倒入杯中。

· 雕花（Etching）

将奶泡制作到一定比例的量，倒入杯中，然后使用各式雕花器材工具，甚至搭配食用级色素，勾勒成各种图案。

Chapter 2

影响咖啡拉花

呈现效果的因素

表面看起来花哨的咖啡拉花，除了需要具备有技术含量的技巧外，其实还包含了不同的重要环节。如最重要的基底咖啡（意式浓缩咖啡），萃取出好的咖啡油脂，除了提高入口的适口感，对于咖啡拉花图案的成形也会有重要的影响。又或者是牛奶品质，也会因品质高低而影响到奶泡是否绵密，另外，还有蒸汽管放置的角度，以及蒸汽喷出的状态等，这些都是直接或间接影响咖啡拉花成败的重要因素。

如何确切掌控以上因素提高成功概率？以下的深入解析，能帮助你避开失败操作，深入了解咖啡拉花这门艺术。

▶ 萃取过程并非每次都会成功，可能会因各种因素而造成过度萃取或萃取不足。

咖啡萃取

所谓咖啡萃取，是将咖啡粉置于高温高压的环境下，借此萃取出咖啡油脂。然而并非每种冲煮方式皆可萃取出大量的咖啡油脂，其中，以意式咖啡机经过萃取冲煮出来的意式浓缩咖啡的油脂最为丰富。

咖啡拉花便是以意式浓缩咖啡作为基底，凭借这层厚厚的油脂产生的表面张力，撑起微小气泡所组成的奶泡，让奶泡和油脂借此可进行排列，从而变化出不同图案。因此，咖啡油脂丰富的意式浓缩咖啡是咖啡拉花必备的基础，萃取出来的咖啡油脂品质，更是直接影响拉花的成败。至于冲煮意式浓缩咖啡时，为何会出现萃取瑕疵，大致有以下几个常见原因。

粉量过多或过少

冲煮意式浓缩咖啡时，使用的咖啡粉需适量，萃取过程中粉量如果过多，会因浓度过高流速变慢，此时便会发生过度萃取，或引起“通道效应”(Channeling)，使萃取出现瑕疵。

相反的，如果粉量太少，则会流速变快，咖啡粉无法充分萃取，且会释放出过多苦味、杂质与咖啡因，萃取出来的油脂过于稀薄，影响奶泡的成形。

咖啡粉过粗、过细

冲煮时，需先将咖啡豆研磨成粉，此时若研磨出来的咖啡粉过粗或过细，也会对萃取造成影响。研磨过细，摸起来触感类似面粉，萃取时高温高压的水经过过细的咖啡粉，水与咖啡粉进行深度融合会让萃取流速明显变慢，造成过度萃取，释放出过多物质，让咖啡产生过多苦味与焦味；研磨得太粗，水与咖啡粉融合不够，流速过快反而会萃取不足。另外，深度烘焙的咖啡容易被研磨得过细，需特别注意。

布粉与填压分布、施力不均

布粉时应均匀分布于滤杯中，否则会因咖啡粉分布不均，造成密度不同而影响萃取并出现问题。咖啡粉均匀分布后，接下来就是填压，填压动作应保证平均施力，避免因施力不均造成咖啡粉密度不同，或因为填压用力过猛过于紧实，影响咖啡粉的自然膨胀，进而影响萃取，导致产生“通道效应”，造成冲煮瑕疵。填压最正确的方式，就是保留咖啡粉之间的弹性，填压后使其摸起来像海绵一样。

▼粉量过多与过少。

▼ 咖啡粉的粗细会影响水的流速，进而影响萃取结果，因此研磨咖啡豆时，应特别注意研磨出来的咖啡粉的粗细。

通道效应

通道效应也有人称之为“边穿”或是“穿孔”。通常是因为过度填压，让咖啡粉过于紧实，热水进入咖啡粉饼后让咖啡粉无法正常膨胀，因而造成粉饼破裂，影响咖啡萃取。注水后粉饼会破裂，是因为填压器底部直径与滤杯直径并非完全贴合，如果填压用力过度，中间过于紧实，四周却留下缝隙，便会造成穿孔。另外，填压器底座直径小于滤杯太多，周围会有过多残粉，此时若以敲击方式集中杂粉，杂粉集中反而造成咖啡粉密度不平均，敲击过程中也容易让粉饼破裂。

咖啡萃取步骤

步骤一　清洁

将滤杯擦干净。

步骤二　取粉

取适量咖啡粉。

步骤三　填平

手指以顺时针方向填平。

步骤四　填压

用填压器平均施力填压。

步骤五　冲煮

滤杯扣回机器，进行冲煮。

步骤六　萃取

等待咖啡萃取。

牛奶

牛奶含有蛋白质，所以在发泡时，将蒸汽与牛奶摩擦便会产生奶泡，而乳脂肪能帮助奶泡延展，维持奶泡平衡，喝起来口感可以更加滑顺。因此当牛奶品质下降、乳脂肪不稳定，不只会影响到奶泡成形，最终也将影响咖啡拉花图案的成形，所以需稳定牛奶品质，才能确保咖啡拉花成品的品质。

确认牛奶品质

要如何确认牛奶的品质？很简单，准备一组手拉发泡钢杯，牛奶量装至约手拉钢杯的1/3至1/2，盖起后上下拉压约50下，随后打开，使之与空气接触，静置1～2分钟。如果产生约一倍以上的奶泡，表示牛奶乳脂肪稳定；若产生像气泡饮料的声音并消泡，表示牛奶脂肪含量不稳定。

牛奶的比例

过去由于钢杯厂牌不多且生产样式少，因此早期不确定牛奶该加多少，常听到有人说："加到钢杯凹槽下那条线。"但咖啡拉花开始流行后，钢杯厂牌愈来愈多，造型、嘴型及钢杯腹部设计也各自不同，无法继续沿用过去粗略的计量方式，因此建议以量杯做计量，避免因牛奶使用量误差而影响奶泡的状况。以下为基本添加量参考建议。

- **350毫升钢杯：** 最多添加约200毫升牛奶量，打发约100毫升奶泡量；牛奶跟奶泡量比例约2∶1。

- **600毫升钢杯：** 最多可添加约300毫升牛奶量，打发约100毫升奶泡量；牛奶跟奶泡量比例约3∶1。

▲ 牛奶装至约手拉钢杯的1/3至1/2量。

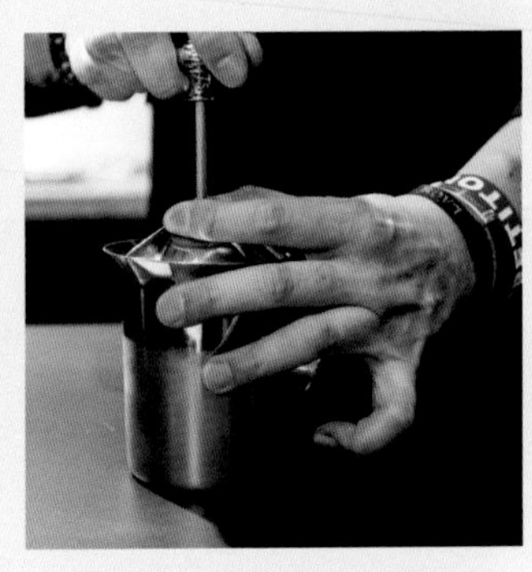

▲ 盖起后上下拉压约50下。

▲ 打开，使牛奶与空气接触，静置1～2分钟，观察奶泡状况。

蒸汽

许多人误会，以为影响奶泡形成的是蒸汽管，其实，真正与牛奶接触的蒸汽，才是影响奶泡成形的重要因素。因此，不论是蒸汽管摆放的角度或者蒸汽里的含水量多少，最终都是为了让透过蒸汽管释出的蒸汽与牛奶进行充分的摩擦，进而形成绵密的奶泡，做出美丽细致的咖啡拉花图样。

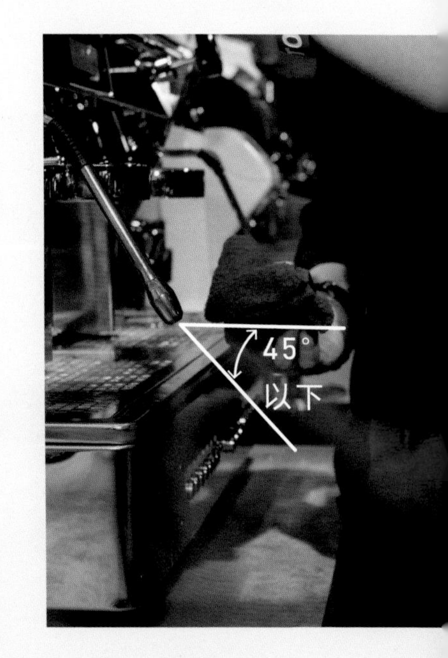

蒸汽管角度

蒸汽管的角度会影响奶泡，因此需先就角度做调整。首先，将蒸汽管拉至咖啡机正面最高角度，打开开关观察正面喷出气体位置高度。蒸汽最佳角度为与水平面成45°角以下，这是发泡最稳定、安全的位置。因为蒸汽切面愈高，蒸汽孔露出液面愈多，愈不利于旋转融合，且无法让牛奶和奶泡达到充分融合，会产生过多奶泡，奶泡也比较大，而牛奶和奶泡比例失衡，奶泡过多，会影响口感。

发泡位置点

先找出钢杯中心位置，蒸汽管靠着杯缘放在中心点位置，钢杯与蒸汽管放置位置无左右分别，以顺手握拿钢杯为主。旋转过程中，蒸汽管愈靠近钢杯杯缘，旋转愈快。刚开始练习，可把蒸汽管置于距离钢杯中心点约1厘米的位置。

蒸汽的含水量

咖啡机蒸汽是咖啡机内锅炉经过加热后，大量产生出来的。将蒸汽储存于锅炉内部，到达一定的大气压力（1.0～1.2千帕）后，所释放出的可使用气体。一般来说，在未使用时，锅炉内多余的蒸汽压力会随着泄压阀慢慢释放，让咖啡机锅炉内部压力维持平衡。蒸汽管本身并无任何加热功能，所以长时间未使用时，管内的蒸汽会变成水，这时喷出的水不代表蒸汽的准确含水量。蒸汽中含水量的多少会直接影响牛奶浓度，含水量太高，就像在牛奶中加入水，很容易稀释牛奶和咖啡的味道。

而蒸汽的含水量会间接影响奶泡的成形。一般干燥度愈高含水量愈少，打

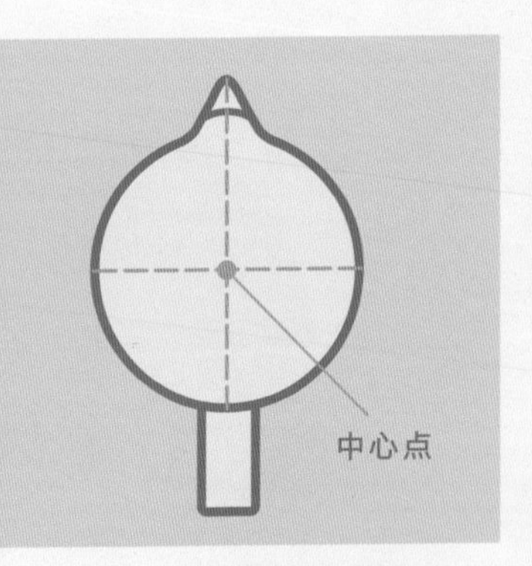

▲ 从钢杯嘴至把手拉一直线，然后再找出横线，交叉成十字，找出中心点。

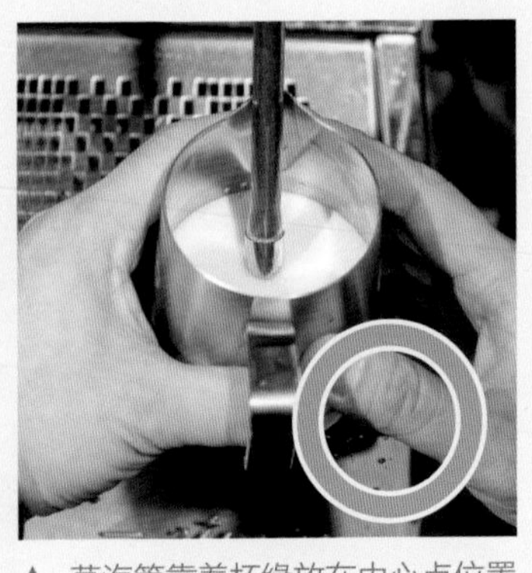

▲ 蒸汽管靠着杯缘放在中心点位置。

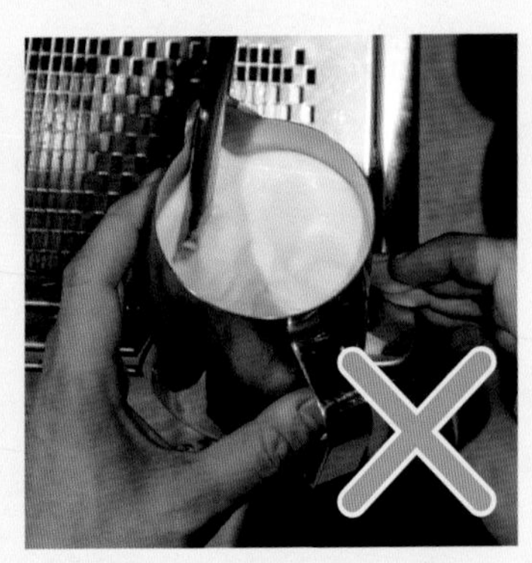

▲ 如图，为蒸汽管位置过偏。

出来的牛奶泡就会愈绵密，也会更有利于咖啡拉花的图样制作。

测试含水量高低

拉花前须先测试蒸汽，建议先将蒸汽打开喷出5～6秒，确保完全没有多余的水分排出（若有水分残留，喷出的声音会有段落感，随后会持续产生稳定的声音）。然后将蒸汽头拉出，手掌距蒸汽头5～10厘米，让蒸汽喷在手掌上，持续3～4秒，然后观察掌心，若掌心有水珠像雨水一样流下，代表含水量过高，这时可增加循环次数（喷在手掌上3～4秒后，离开2～3秒，再喷在手掌上3～4秒），观察含水量是否有所减少。

也可以试着以更换蒸汽头的方式来测试含水量，因为不同的蒸汽头设计，或者蒸汽头尺寸不对可能会导致蒸汽出气方向不顺、气孔堵塞等，这些因素都有可能造成含水率提高。

另外可以观察蒸汽头内部的构造。因为水有些许黏性，排气不顺时会造成蒸汽粒子聚集，因此含水量会偏高，这时增加排气时间，可降低含水量。

Chapter 3
咖啡拉花的机器与工具

除了学习咖啡拉花技巧外，在开始拉花之前，应先了解咖啡机与拉花器具的种类。选择一个适合自己又好用的器具，不仅会让咖啡拉花更顺利，还可在器具的帮助下，确保成品的品质。

咖啡拉花所需用到的机器及器具有浓缩咖啡机、意式磨豆机、钢杯及咖啡杯，每一种器具都会因品牌的不同而有些微差异。建议最好事先做好功课，再从中选择适合自己的产品，如此一来才能用得顺手。

使用时，则应准确地遵守操作方法，这样才能让过程更加顺畅，并成功做出理想的咖啡拉花。

浓缩咖啡机

不管是制作Espresso或者是打发奶泡，都需要用到浓缩咖啡机。虽说性能好的咖啡机能保证使用的稳定性，但正确操作机器更重要。最好先从了解蒸汽头的设计开始，如此才能安全且适当地操作。

蒸汽头

蒸汽管尾端的位置便是蒸汽头，蒸汽头的形状、孔数并非统一固定，而是有不同种类。其中最常见的外形有菱形、圆形、锥形以及凸起的形状。随着造型的不同，喷出蒸汽的样子与角度也会有所不同，所以在发泡时，需留意蒸汽管跟蒸汽之间的关系。

蒸汽头的孔数最常见的为3～6孔。虽说孔数愈多加热愈快，但若超过一定数量，则会因孔数过多加热点多、整体面积小，加热速度也会被限制。而孔的大小则会影响打出的奶泡状态，孔愈大奶泡愈大也愈粗，孔愈小奶泡愈小，产生的奶泡就愈细。通常蒸汽头可取下而非固定在蒸汽管上，可依个人需求换上适合的蒸汽头，也可取下经常清洁，确保蒸汽可顺畅排出。

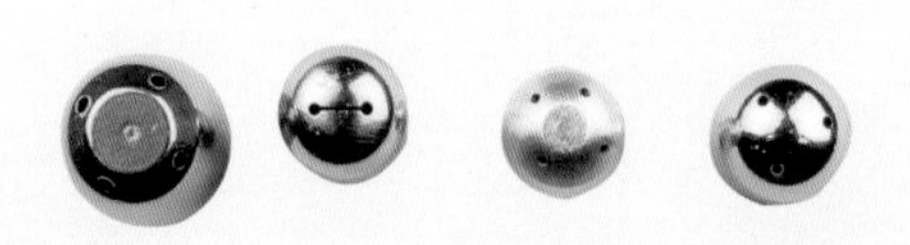

▲ 蒸汽头的造型与孔数，都会影响蒸汽的排出，因此可先做了解，再挑选适用的蒸汽头。

咖啡机蒸汽开关

咖啡机蒸汽开关样式各有不同，使用方式也略有差异。启动开关时，蒸汽便会从蒸汽管喷出，为避免使用方式错误发生危险，简单介绍以下几种常见的开关样式。

· 单向式拨杆

往单一方向拨杆启动，不管是上下或左右，一个方向是开，另一个方向即是关。

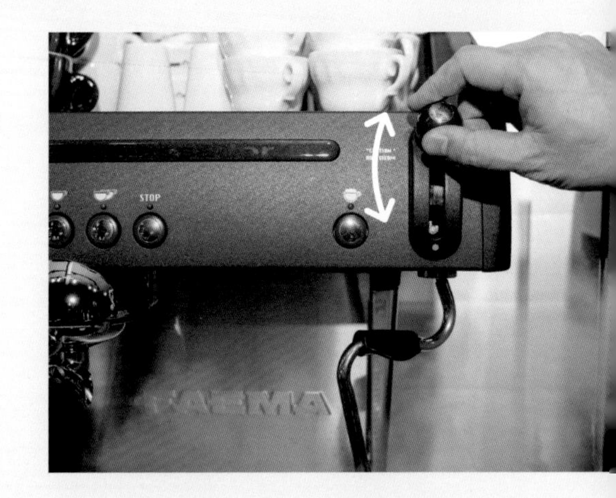

· 多向式拨杆

可以往两个方向以上拨杆启动即为多向式拨杆，拨动式可能是上下或左右，有些甚至可做360°拨动。

· **即刻式旋钮**

即刻式旋钮开关，会因厂牌不同设计也各自不同，使用前应先确认开关旋转方向，避免发生危险。使用即刻式旋钮时，蒸汽完全开启的幅度大小约为90°，就算持续往下旋转，蒸汽喷出量并不会因此变大，所以无需开到底，只要开到一定大小即可，这样可避免当牛奶到达适当温度时来不及关闭，反而让蒸汽停留过久，导致牛奶温度过高。

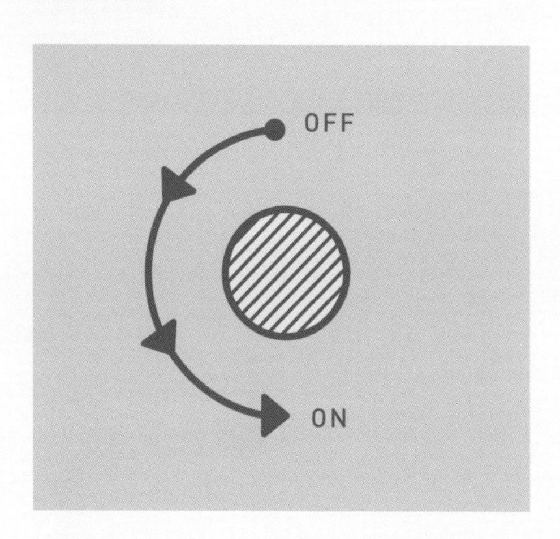

· **无段式旋钮**

若不了解咖啡机蒸汽使用方式，容易因使用方式错误，或误触旋钮而被喷出的蒸汽烫伤。而无段式旋钮出于安全考量，将开关设计为需旋转2～3圈以上，蒸汽才会从蒸汽管排出，保证了使用者的安全。特别注重使用安全的人，可选择此种款式。

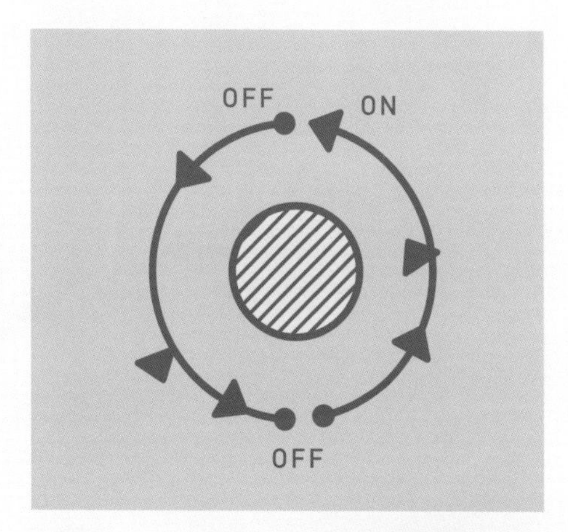

牛奶钢杯（拉花钢杯）

牛奶钢杯（拉花钢杯）一开始只是盛装牛奶的工具，随着时代的进步，更演变成咖啡拉花的重要工具之一。除了常见的不锈钢材质外，虽也加入了其他材质，但依然会按惯例称之为钢杯。

材质

一般钢杯多选用316不锈钢，此类成分能抗氧化，因为有些污染较严重的地方连304不锈钢（白铁）都会生锈，所以会加入10%的镍，使其更加耐用及抗腐蚀。

有些钢杯会有一层烤漆或涂层，以增加钢杯的色彩及美观度。最常见的是铁氟龙涂层（又称聚四氟乙烯涂层），其功能如同锅具里的不粘锅的涂层，经过涂层处理后的钢杯有不粘特性，可让牛奶与咖啡融合更为稳定。而且好的铁氟龙涂层能帮助牛奶在发泡时将奶泡与牛奶更充分地融合，甚至在拉花时，能让牛奶更顺滑地倒出。

铁氟龙涂层能耐270℃高温，一般牛奶发泡加热温度最高为70℃，因此可放心使用有铁氟龙涂层的器具。不过，在清洁时，不要用过于粗糙或金属材质的清洁工具刷洗，以避免刮伤涂层或导致杯壁掉漆。

厚度

钢杯厚薄会影响重量，不同的使用者对于钢杯重量有自己的喜好。整体来说，薄的不锈钢比厚的不锈钢在制作过程中更容易变形，所以挑选钢杯要注意钢杯是否变形（挑选薄的不锈钢杯时，尤其要注意变形问题），以免因变形而造成拉花图形歪斜。

▲ 烤漆涂层
不锈钢杯

▲ 铁氟龙涂层
不锈钢杯

拉花钢杯容量

拉花钢杯原本用途是盛装牛奶，并不需细分容量大小，但演变为咖啡拉花的工具后，却会因钢杯过大，导致牛奶用量过多造成浪费。于是，对应咖啡杯的容量，需要选用适合容量的拉花钢杯，后来便有了钢杯容量上的细分。咖啡拉花最常用到的钢杯容量为350毫升、500毫升、600毫升、700毫升。

选对适合容量的钢杯，不仅可避免牛奶浪费，也可以避免刚开始练习拉花时，因使用了不合适的钢杯。无法稳定控制流量，导致流量过大或流量过小。

- **350 毫升**拉花钢杯适配于210 **毫升**以下的咖啡杯。
- **600 毫升**拉花钢杯则可适配400 **毫升**以下的咖啡杯。

杯身形状

就钢杯外形来看，杯身可简单分为宽口与窄口两种。杯身的宽窄不只是单纯与造型相关，还会在发泡时影响牛奶与奶泡的融合旋转速度。

· 窄口

牛奶经发泡后不断膨胀而增加体积，奶泡不断上升。窄口杯因为钢杯上的空间突然收窄而加速了牛奶与奶泡的旋转，这样可使牛奶奶泡更充分地融合。但操作时必须更精确地掌控融合高度及位置控制，不然很容易在加速旋转中，造成旋涡过大而使牛奶溢出或奶泡量过多等问题。

· 宽口

宽口钢杯必须练习如何控制旋涡旋转速度，否则因宽口钢杯空间比较大，容易造成旋涡大小不合适而导致融合不稳定，以及奶泡量发过头的问题。

杯嘴沟槽

杯嘴沟槽设计不同，也会影响奶泡下点的位置与角度，因此最好就自身需求与能力，选择适用的杯嘴沟槽，以方便制作咖啡拉花。

· 长嘴

长嘴钢杯因为杯嘴长，拉花时钢杯距离液体面近，因此更能准确抓稳位置。但长嘴钢杯，杯身下宽上窄，拉花时倒奶泡倾斜度会更大，若是刚尝试咖啡拉花，不建议使用此款。

· 斜口钢杯

近年流行的斜口钢杯，兴起于中国香港。斜口钢杯杯嘴呈斜角，拉花时杯嘴距液体面较近，容易抓位置，有助于图形制作的精准度。

· 短嘴

短嘴钢杯因为杯嘴短，拉花时钢杯与液体面距离较远，初学者不易拿捏，而产生因下点位置抓不准或作图高度过高，图形不明显的问题。

杯嘴形状

挑选钢杯时，经常有人困惑，该选尖嘴或圆嘴？其实不论选择哪一种，没有绝对的对错与好坏。简单来说，将杯嘴形状想成是铅笔笔尖，笔尖愈尖线条就愈细，笔尖愈钝线条便愈粗，如此对应自己希望呈现的效果，便可做出正确选择。

· **尖嘴**

尖形杯嘴出奶量较少，若已可稳定控制倒出牛奶量，可选用尖嘴钢杯挑战更细致的图形。

· **圆嘴**

圆形杯嘴因为嘴巴大，出奶量较大，若仍无法稳定控制倒出的牛奶量，不建议使用圆嘴。

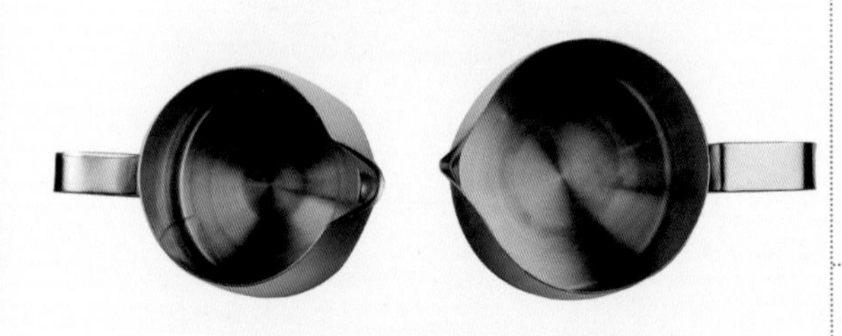

▲ 圆嘴　　▲ 尖嘴

· **翻嘴**

所谓翻嘴，即是指原本平面的杯嘴带有弧度，而非完全平面，弧度大小及范围没有固定标准，视各个品牌设计而定。翻嘴设计就像是引导牛奶倒出的路径，可把牛奶顺利引流至杯中，避免牛奶因粘连，沿着杯嘴或杯身漏出。

不过，牛奶在发泡后仍有黏性，在练习拉花时，如果不能控制好牛奶的流量，即便是使用翻嘴钢杯，仍不可避免造成牛奶粘连问题。

握把

钢杯握把有不同款式，并不会严重影响流量的大小，握拿钢杯的姿势也没有特别要求，按个人习惯选择自己感觉舒适的握法即可。

但特别要注意的是，握拿钢杯时要放松，握太紧会让拉花线条变得僵硬，也容易造成钢杯歪斜，影响拉花行进路径，造成图形位置歪斜。

▲ 把手有各种款式，可按自己习惯做选择。

钢杯握法示范

▲ 握法没有严格的规定，只要符合个人习惯，放松地握拿钢杯即可。

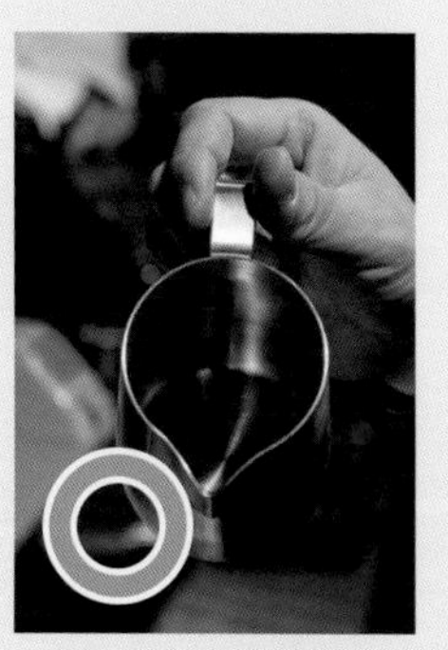

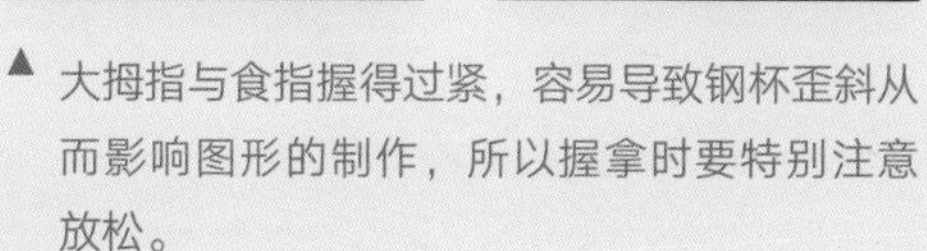

▲ 大拇指与食指握得过紧，容易导致钢杯歪斜从而影响图形的制作，所以握拿时要特别注意放松。

这些你也应该知道

钢杯挑选方式

钢杯是使用机器快速冲压制成的，并非每个钢杯最后都会呈现出完美的状态，可能会因为种种原因而产生瑕疵，如何挑选钢杯，可简单利用以下两种方式。

1. 整体观察

从钢杯正上方，观察钢杯嘴到把手是否成一条直线，如果不是一条直线，钢杯握得再正杯嘴还是歪的，那么制作出来的拉花图案也会是歪的。

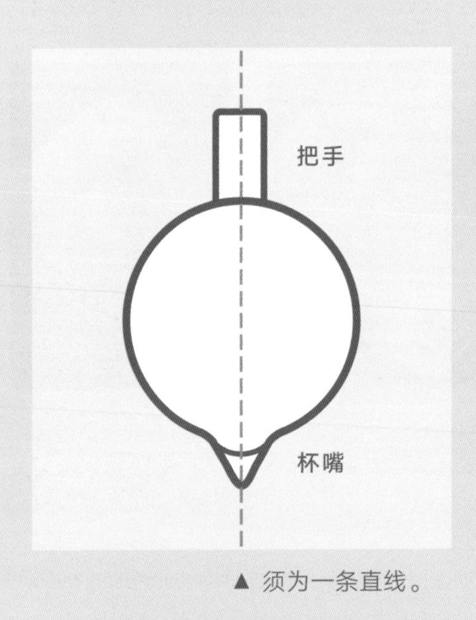

▲ 须为一条直线。

2. 观察嘴部切点位置

仔细观察钢杯嘴内部弧度位置，与外部弧度位置是否在同等位置，因为外部垂直，不代表内部垂直。

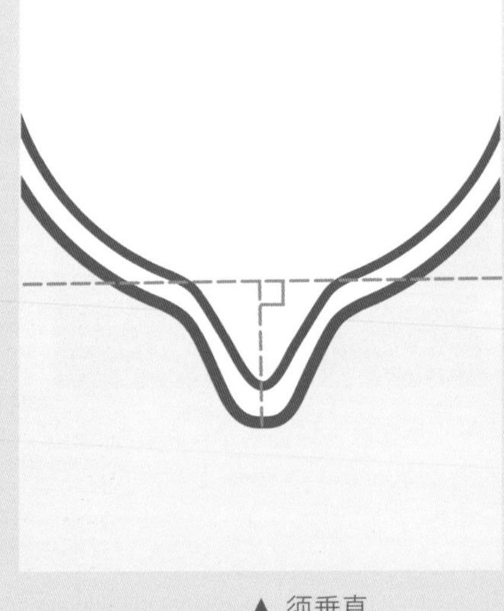

▲ 须垂直。

这些你也应该知道

图形与钢杯杯具的控制

流量控制

对流量控制的练习主要是训练将水倒入瓶子的过程，训练正确握拿钢杯，并学会控制倾斜度、加强稳定度，练习时要学会放松手掌、肩膀及手肘，避免因大拇指与食指握得过紧，导致钢杯歪斜。

步骤一

可设想将钢杯嘴分成两等分，前端1/2为第一段，后端1/2为第二段。

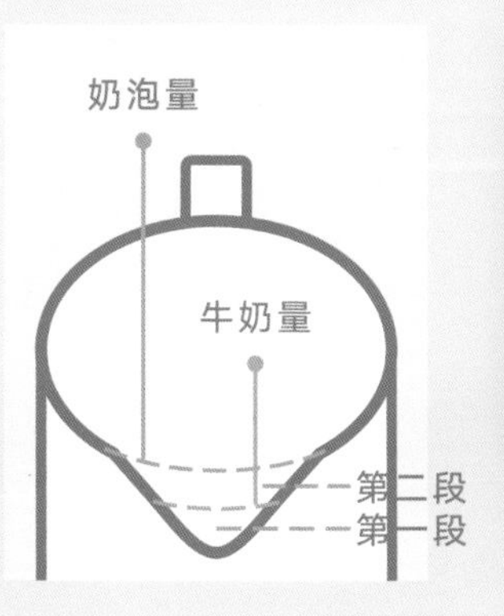

步骤二

准备一个瓶子，瓶口越小越好。钢杯装水至七分满，一只手握住钢杯，另一只手握住瓶口，摸索拿杯子的高度及位置。

步骤三

钢杯离瓶口约5厘米，将钢杯里的水倒入瓶口，从第一段到第二段再到结束，整个倒水过程都要注意控制水流，不可忽大忽小，或让水漏出来。

奶泡融合手法与稳定作图手法

这个练习主要是练习收放及模拟拉花满杯的稳定方式。

步骤一

准备一个杯子，在注水第一段时可试着转动左手、右手或双手一起转动，顺时针或逆时针方向均可。

步骤二

将钢杯贴近杯子后加大流量，并从液体边缘约 1 厘米处，往中心点移动。最后倒完后，杯子里的水必须要全满，不能太少也不要溢出来。

图形位置控制

控制图形是拉花最重要的环节，此时可将钢杯嘴设想成一个箭头，让它往前、往后及左右晃动，此时利用钢杯画出一个十字，这就是咖啡杯的中心点，箭头顺着中心线往中心点走，这样就能简单地制作出一个图形。

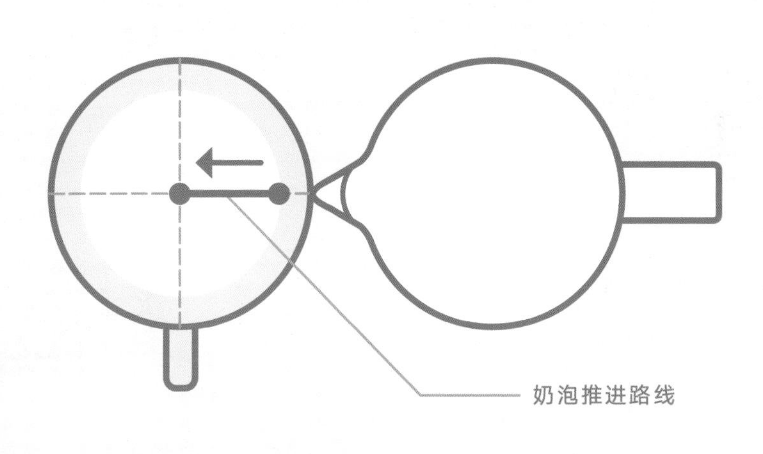

咖啡杯

杯子

咖啡杯除了最单纯的可用容量区别外，其实还会因杯口大小及杯底形状等不同而各有差异。而咖啡拉花因为要保证图案的完整性需挑选出合适的咖啡杯，因此除了容量考量外，还要从功能性方面考虑。选择一个适合的杯子，有助于制作出理想中的图案，对最后成品呈现出良好的效果也有帮助。

而影响咖啡拉花效果最重要的因素是杯底的形状，杯底形状可简单分为两大类：圆杯和角杯，利用这两种杯子制作图形的方式有些许不同，建议针对杯型来制作不同的图形。另外，保温杯及马克杯由于杯子较高，杯底较深，因此，对于图形的制作，也有需要特别注意的地方。

咖啡杯

· 圆杯

牛奶是液体，所以由钢杯注入时会产生对流性，圆底杯子容易造成对流性过大从而使图形变形。

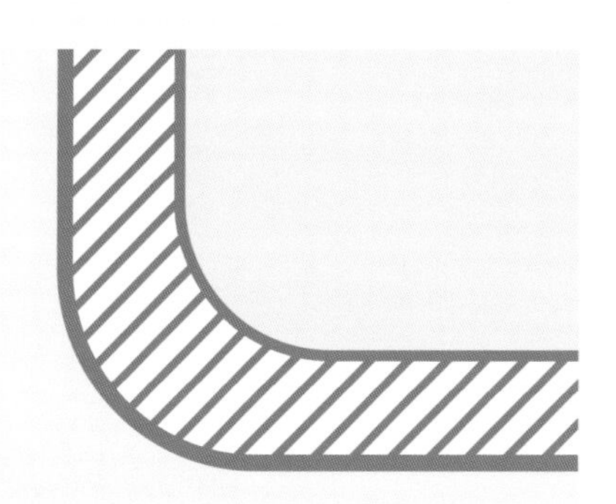

▲ 圆杯杯底。

· 角杯

因为杯底与杯壁之间有一定角度，容易造成反弹力过大，这时必须要调整注入牛奶时的力道大小并保持其稳定性，图形才会稳定。

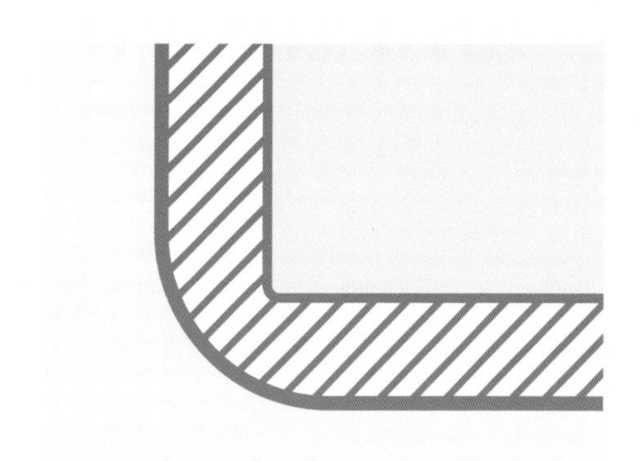

▲ 角杯杯底。

高杯

保温杯、马克杯是平时最常见的高杯，这种杯内底部较深，不适合以对流方式做图，融合时须增加高度，开始做图时要将注入速度稍微放慢，避免奶泡因为杯子造型的因素产生变形问题。

▲ 高杯。

Chapter 4

咖啡拉花技法示范

基础圆形

01. 以小流量倒入发好的奶泡与咖啡融合。

02. 停顿。

03. 钢杯后移，贴近咖啡表面下点后前推。

04. 持续前推。

05. 前推至杯子正中间后停顿，持续注入奶泡，待咖啡满杯后结束。

\ 完成 /

TIPS

融合时要特别注意注入时的高度及流量大小，高度愈高冲力愈大，高度太低则无法充分融合，容易让图案变得颜色不均匀。

爱心

01. 以小流量倒入发好的奶泡与咖啡融合。

02. 停顿。

03. 钢杯后移，贴近咖啡表面下点后前推。

04. 持续前推至杯子正中间。

05. 前推至杯子正中间后停顿，持续注入奶泡至咖啡满杯。

\ 完成 /

06. 待咖啡满杯后立即拉高往前收尾。

洋葱爱心

01. 以小流量倒入发好的奶泡与咖啡融合。

02. 停顿。

03. 下点，摆动钢杯，然后前移至杯子中心点。

04. 从中心往外围一圈圈模拟洋葱剖面制作图案。

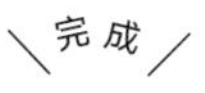

05. 于中心点停顿，持续注入奶泡至咖啡满杯。

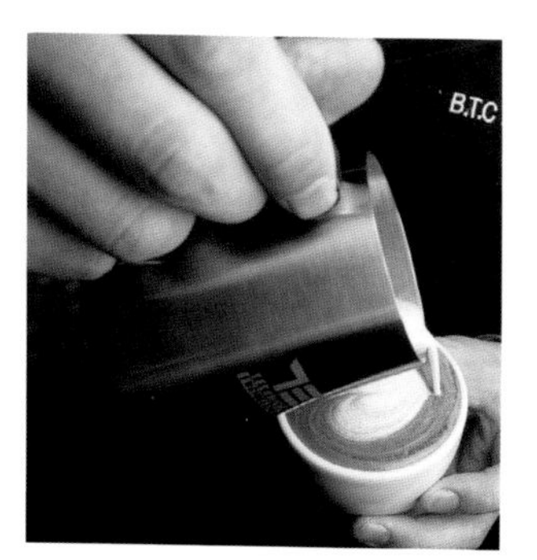

06. 待满杯后立即拉高收尾。

TIPS 制作重点为：摆动要慢、移动要快。

蕨类叶

01. 以小流量倒入发好的奶泡与咖啡融合。

02. 停顿。

03. 贴近咖啡表面下点后边摆动边往前推。

04. 不停顿接着往后摆动。

05. 摆动至杯子后方停顿，持续注入奶泡至咖啡满杯。

\ 完成 /

06. 待咖啡满杯后，立即拉高收尾。

TIPS

此类叶子做法重点为：摆动要慢、前后移动要快。

双层传统式郁金香

01. 以小流量倒入发好的奶泡与咖啡融合。

02. 停顿。

03. 钢杯移至后方，贴近咖啡表面下点后前推。

04. 完成图形后停顿。

05. 钢杯后移，贴近咖啡表面下点后前推。

06. 前推至杯子正中间停顿，持续注入奶泡至咖啡满杯。

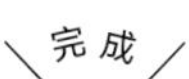

07. 待咖啡满杯立即拉高往前收尾。

包心式三层郁金香

01. 以小流量倒入发好的奶泡与咖啡融合。

02. 停顿。

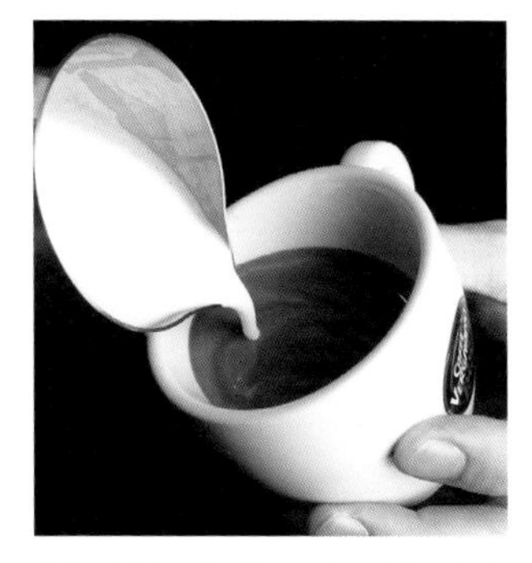

03. 钢杯后移，贴近咖啡表面下点后前推。

04. 推到杯中形成图中的图案后停顿。

05. 将钢杯移到后方，贴近咖啡表面下点后前推内塞。

06. 制作成图中的图案。

07. 停顿。

08. 钢杯移至后方，贴近咖啡表面下点，前推后停顿，持续注入奶泡。

\完成/

09. 停顿，至咖啡满杯后立即拉高收尾。

层层叠叠，神秘又美丽！

组合图形

三叶

01. 以小流量倒入发好的奶泡与咖啡融合。

02. 停顿。

03. 下点后往前摆动，不停顿，立即往后摆动。

04. 持续往后摆动。

05. 摆动至杯子边缘后停顿。

06. 原处拉高后往前收尾。

07. 钢杯移至内侧，下点后往后摆动。

08. 停顿后立即拉高收尾。

09. 将钢杯移至外侧，下点后接着往后摆动。

完成

10. 停顿后，立即拉高收尾。

咖啡笔记

蕨类叶与郁金香

01. 以小流量倒入发好的奶泡与咖啡融合。

02. 钢杯移至杯子中间，由高处下点慢慢降低高度，当奶泡线出现后，后拉往前摆动，不停顿接着往后摆动。

03. 制作图中的图案。

04. 停顿。

05. 钢杯移到后方下点前推。

06. 停顿后，钢杯往后移。

07. 下点前推。

08. 停顿，钢杯往后移。

09. 下点前推后，停顿，持续注入奶泡。

完成

10. 原地拉高, 往前移动收尾。

天鹅

01. 以小流量倒入发好的奶泡与咖啡融合。

02. 停顿。

03. 将钢杯移至杯子中间下点，摆动并往前移动。

04. 制作成图中的图案后停顿，后移。

05. 将钢杯移至第一个图形后方，下点后摆动，往后内侧后拉摆动移动。

06. 移动至后侧，随即停顿，停顿点放低，以S形移动。

\ 完成 /

07. 停在原地持续注入。

08. 拉高收尾。

天鹅般美丽的姑娘
来喝咖啡吧！

戏水天鹅

01. 以小流量倒入发好的奶泡与咖啡融合。

02. 停顿。

03. 将钢杯移至杯子中间下点往前摆动，不停顿往后移动，并往后内侧后拉摆动。

04. 制作出图中的图案。

05. 随即停顿点放低，并以S形移动。

06. 停顿点停在原地，并持续注入。

07. 拉高收尾。

08. 顺时针转杯180°。

09. 下点放低，拉出一条“一”字。

10. 停顿。

11. 下点放低，拉出一个N形。

完成

玫瑰印记

01. 以小流量倒入发好的奶泡与咖啡融合。

02. 停顿。

03. 下点放低并以“8”字形移动。

04. 制作出图中的图案。

05. 于“8”字后方内侧下点，画出带有弧度的“一”字。

06. 弧形“一”字下方下点。

07. 于弧形“一”字下面接着下第二个点。

08. 接着下第三个点。

09. 在第二个和第三个点中间下点。

10. 顺时针45°转杯，外侧下点，后拉摆动。

11. 拉高收尾。

12. 逆时针转杯90°，内侧下点后拉摆动。

13. 拉高收尾。

14. 在两片叶子中间放低下点。

完成

15. 拉出“一”字，然后收尾。

你在我心里烙下玫瑰印记！

悸动的心

01. 以小流量倒入发好的奶泡与咖啡融合。

02. 持续注入奶泡，并将钢杯移至内侧下方，慢慢将钢杯嘴放低，摆动。

03. 使奶泡呈顺时针旋转，待形成一圈“悸动感”图案后，再将钢杯移至咖啡杯的中心点。

04. 轻轻摆动做出圆形图案，停顿，注入奶泡至咖啡满杯。

\ 完成 /

05. 拉高收尾。

遇见你，我怎能不动心！

创意图形

女王徽章

01. 以小流量倒入发好的奶泡与咖啡融合。

02. 停顿。

03. 于杯子中间下点摆动。

04. 摆动至形成图中的图案，停顿，将钢杯后移。

05. 下点后摆动。

06. 顺时针转杯180°。

07. 于两个图形中间下点摆动。

08. 逆时针转杯180°。

09. 在图形下方下点，先往前摆动再往后摆动。

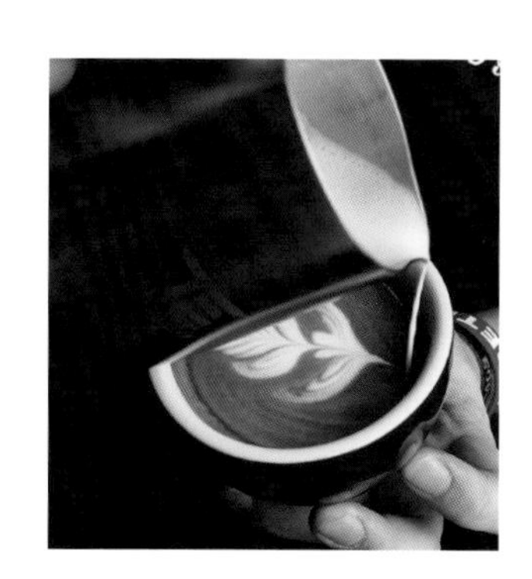

10. 接着拉高往前贯穿图形收尾。

11. 顺时针转杯45°。

12. 外侧下点，后拉摆动。

13. 完成图中图案后，拉高收尾。

14. 逆时针转杯90°，内侧下点，后拉摆动。

15. 完成图中图案后，拉高收尾。

完成

国王徽章

01. 以小流量倒入发好的奶泡与咖啡融合。

02. 停顿。

03. 于杯子中间下点前推。

04. 停顿，后移。

05. 下点摆动。

06. 停顿，后移。

07. 下点后往后摆动。

08. 停顿。

09. 顺时针转杯180°，在第一个图案后方下点，然后往前摆动，随即后拉。

10. 摆动形成图中图案后，拉高，准备收尾。

\完成/

11. 收尾完成。

皇冠

01. 以小流量倒入发好的奶泡与咖啡融合。

02. 停顿。

03. 在中间处下点后拉。

04. 摆动至形成图中图案。

05. 停顿，将钢杯后移。

06. 下点停顿，拉高，往前收尾至叶片底部。

07. 至叶片东侧画一个倒J形 。

08. 至倒J形下方做第二个倒J形。

09. 顺时针转杯90°，在叶片西侧做J形。

10. 在J形右侧再做一个J形。

11. 于图形上方做弧形摆动。

12. 在摆动纹路上方做弧形“一”字。

\ 完成 /

13. 制作完“一”字即完成。

做一顶皇冠送给你！

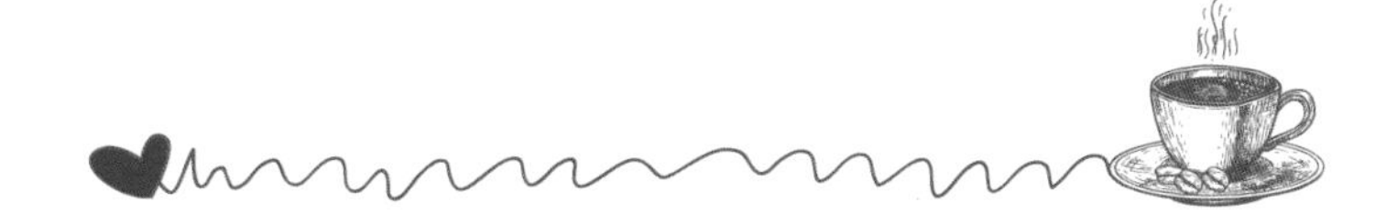

山水画

01. 以小流量倒入发好的奶泡与咖啡融合。

02. 停顿。

03. 于杯子上方下点。

04. 摆动，做出第一个倒V形。

05. 继续摆动，依次做出第二个及第三个倒V形。

06. 完成第三个倒V形后，顺时针转杯180°。

07. 外侧下点后，拉出“一”字。

08. 停顿后，移至“一”字下方，贴近咖啡表面下点做出N形。

\ 完成 /

09. 做出N形后，完工！

在咖啡上画画，
好赞呀！

压纹郁金香

01. 以小流量倒入发好的奶泡与咖啡融合。

02. 下点，后拉摆动，前移。

03. 完成如图所示图案，停顿。

04. 下点，摆动，前推。

05. 停顿，后移。

06. 下点，前推。

07. 停顿，后移。

08. 下点，前推，停顿并持续注入。

09. 拉高收尾。

完成

10. 收尾至杯沿处，完工！

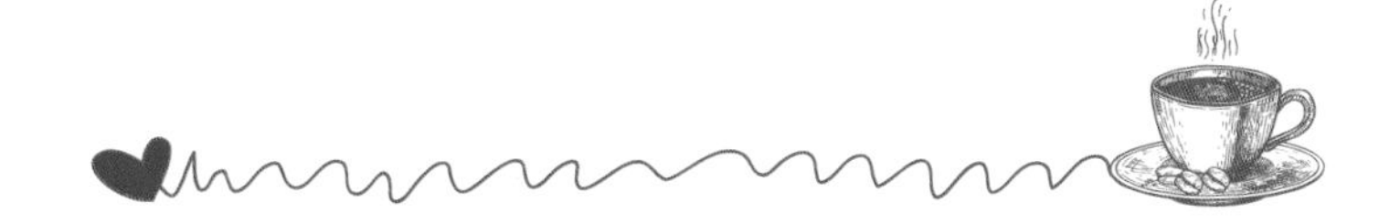

压纹玫瑰

01. 以小流量倒入发好的奶泡与咖啡融合。

02. 停顿。

03. 下点后前推。

04. 做好图案，停顿，后移。

05. 下点，摆动，前推。

06. 做好如图所示的图案后，停顿。

07. 下点，贴近图形做“8”字，收尾时贯穿前面两个图形。

08. 下点，贴近“8”字做倒S形。

09. 在S形内下方下点。

10. 在S形中间下第二个点。

\ 完成 /

11. 在S形内上方下第三个点。做出图中图案后完工！

反转郁金香

01. 以小流量倒入发好的奶泡与咖啡融合。

02. 停顿。

03. 下点后前推。

04. 停顿，后移。

05. 下点后前推。

06. 停顿，后移。

07. 下点后前推。

08. 完成图形后，转杯180°。

09. 下点后前推。

10. 停顿，后移，下点后前推。

11. 停顿，后移，下点后前推，停顿，持续注入。

完成

12. 拉高收尾。完工！

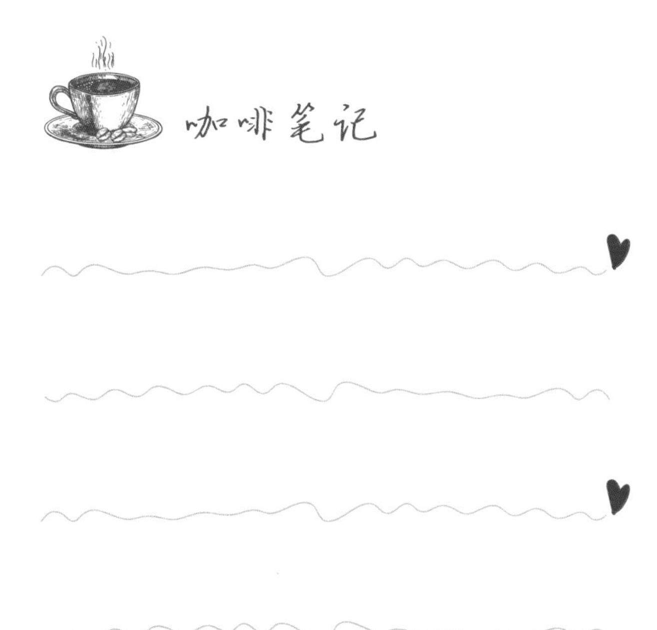

反转六叶

01. 以小流量倒入发好的奶泡与咖啡融合。

02. 停顿。

03. 在杯子中间下点后摆动后移。

04. 完成图中图形后，顺时针转杯180°，在中间下点往前摆动后，即刻摆动后移。

05. 拉高收尾贯穿两个图形。

06. 逆时针转杯45°，于杯子下方下点，往后摆动。

07. 拉高收尾。

08. 对称地做出一样的叶子。

09. 顺时针转杯45°，于杯子上方下点，往后摆动。

完成

10. 拉高收尾。

11. 对称地做出一样的叶子。

12. 收尾，完工！

咖啡笔记

螺旋纹

01. 以小流量倒入发好的奶泡与咖啡融合。

02. 注入7 分满后停顿。

03. 从靠近身体内侧，画直线至杯子中心点后停顿（做第1 条）。

04. 顺时针转杯20°，从靠近身体内侧，画直线至杯子中心点后停顿（做第2 条）。

05. 顺时针转杯20°，从靠近身体内侧，画直线至杯子中心点后停顿（做第3 条）。

06. 顺时针转杯20°，从靠近身体内侧，画直线至杯子中心点后停顿（做第4 条）。

07. 顺时针转杯20°，从靠近身体内侧，画直线至杯子中心点后停顿（做第5条）。

08. 顺时针转杯20°，从靠近身体内侧，画直线至杯子中心点后停顿（做第6条）。

09. 顺时针转杯20°，从靠近身体内侧，画直线至杯子中心点后停顿（做第7条）。

10. 顺时针转杯20°，从靠近身体内侧，画直线至杯子中心点后停顿（做第8条）。

\ 完成 /

11. 顺时针转杯20°，从靠近身体内侧，画直线至杯子中心点后停顿，拉高结束（做第9条）。

TIPS

画线时要贴近咖啡表面，否则线条会不明显。

转呀转呀，
转进谁的心里？

马驹

01. 以小流量倒入发好的奶泡与咖啡融合。

02. 停顿。

03. 在杯子外侧做一小片叶子。

04. 叶子做好后，拉高收尾。

05. 顺时针转杯270°，在杯子正中间做个不收尾的叶子。

06. 逆时针转杯90°，在杯子上方做一个不收尾的叶子。

07. 在中间的叶子左侧向下拉一条直线。

08. 在中间的叶子右侧拉一个V形。

09. 做出图中图形。

10. 拉一条直线。

11. 顺时针转杯15°，在右上侧叶子左侧近距离拉出一个“9”字。

完成

12. 完成图中的图形即完工。

不规则郁金香

01. 以小流量倒入发好的奶泡与咖啡融合。

02. 停顿。

03. 将钢杯移至后方后下点，前推。

04. 完成如图所示的图形后停顿。

05. 将钢杯移到后方外侧，下点，前推。

06. 完成图中图形，停顿。

07. 将钢杯移到后方内侧下点前推。

08. 完成图中图形后停顿。

09. 将钢杯移到后方外侧下点前推。

10. 完成图中图形后停顿。

11. 将钢杯移到后方内侧下点前推。

12. 完成图中图形后停顿。

13. 将钢杯移到后方下点前推。

14. 完成图中图形后停顿。

15. 将钢杯移到后方下点前推，停顿持续注入。

16. 原地拉高后收尾。

完成

17. 收尾完成后，完工。

你的郁金香
是什么颜色？

神之叶

01. 以小流量倒入发好的奶泡与咖啡融合。

02. 停顿。

03. 将钢杯移至后方后下点，前推。

04. 完成图中图案后，停顿。

05. 将钢杯移至后方后下点，前推。

06. 完成图中图案后停顿。

07. 顺时针转杯180°，在第一个图形下方下点，原地摆动后微微后拉。

08. 完成图中图案后停顿。

09. 逆时针转杯180°，钢杯移到后方下点，往前摆动后即刻后拉。

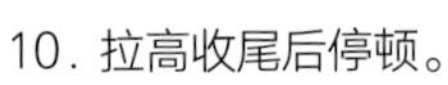

10. 拉高收尾后停顿。

11. 将钢杯移到后方下点，前推，停顿，持续注入奶泡。

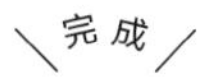

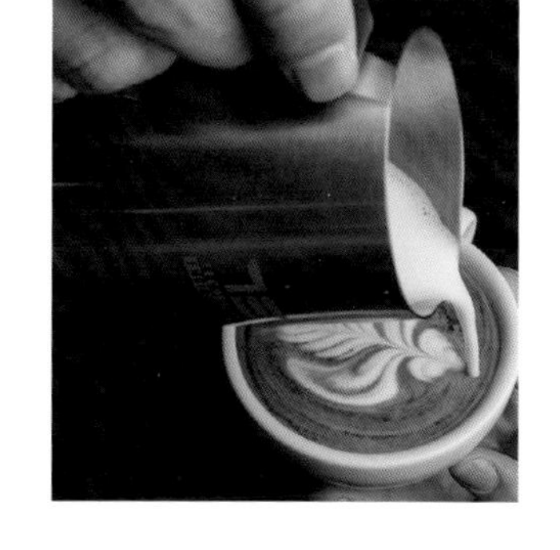

12. 拉高收尾，完成。

这叶子真的很好看!

慢压玫瑰

01. 以小流量倒入发好的奶泡与咖啡融合。

02. 停顿。

03. 在杯子下方左侧，以S形慢速往内侧移动。

04. 形成图中图形后直接拉高收尾。

05. 收尾后，将钢杯移至杯子中间上方下点。

06. 做出S形。

07. 完成S形后停顿。

08. 在S形下方，画一条弧形“一”字。

09. 在弧形“一”字下方，下点后，立即后推，依序点出三个圆点。

10. 完成三个圆点后，第四个圆点下于三个圆点中间，玫瑰花瓣图案就完成了。

11. 完成玫瑰花主体图案后，将钢杯移至杯子上方画出“一”字。

\ 完成 /

12. 完工。

附录

除了咖啡基础技巧以外，拉花艺术认证将拉花技巧及呈现分为五个等级，每个等级都有需要认证的技术手法，也就是将浓缩咖啡（Espresso）或卡布奇诺呈现出指定的图样。咖啡师若能在认证过程中取得最低通关分数（各级规定不同），便能够取得咖啡拉花艺术认证证书。以下简单介绍取得认证证书需要注意的事项。

比赛场地

一般分级认证会在拥有专业设备的场地举行。

器具与材料

- **器具：**意式咖啡机、意式磨豆机、浓缩咖啡杯、卡布奇诺杯。
- **咖啡豆及牛奶：**可由咖啡师自行准备，也可由主办方提供。

杯子规定

- **拉花钢杯：**种类及尺寸可由咖啡师自行决定。
- **浓缩咖啡杯：**容量最小 60 毫升，最多 80 毫升，杯口直径最大 6 厘米。
- **卡布奇诺杯：**容量最小 160 毫升，最多 280 毫升，杯口直径最大 10 厘米。

场地要求

- **台面：**可用于准备、操作机器及进行拉花的桌子或任何台面。
- **录影设备（包含手机）：**记录认证过程，包含咖啡师所有行为。（视频内容为评分依据的一部分，由专人负责接收）

认证考官的装备

- **评分表及码表**

· **录影设备及摄影设备**（手机或相机）

※开始或停止计时皆会遵照咖啡师的意愿。

计时方式及预备时间

每个等级都有规定的标准时间，但不包含预备时间。预备时间指为了认证而需要预先准备或设定装备的时间，如调整磨豆机及其他设备的基本设定（包含杯子、咖啡机等）。若咖啡师在验证过程中超过了规定的标准时间，则每超过30秒扣1分。

验证结果查询办法

一旦验证结束，验证考官必须注意：

确认评分表的所有资料都填写完成（分数、时间、签名等），且字迹清楚可识别。录制部分必须有拉花的内容才有效。

将资料寄送给主办方对接人，并确认是否送达。结果出炉，通过验证者会收到主办方寄来的证书及纪念奶钢（指拉花钢杯），并在官方网站上记录其名至该等级清单中。特别要注意的是，认证中所需文件及视频内容必须寄给相关对接人，并确认资料完整、清楚。若是资料不清楚、不完整或是寄到其他信箱，则主办单位有权利拒绝认证。

技术面需注意的事项

浓缩咖啡制作步骤

1. 冲煮头放水
2. 清洁滤杯
3. 填压
4. 清理把手
5. 立即萃取
6. 按规定的萃取时间完成

· **冲煮头放水**

咖啡师必须在将咖啡把手锁上冲煮头前，让冲煮头放水。

· **清洁滤杯**

在填粉前，咖啡师必须先使用刷子或布清洁滤杯，使杯内没有上次萃取的残留物，并确保滤杯的温度正常。

· **填压**

咖啡粉在滤杯中时，需要以适当的压力填平，不可有任何突出或塌陷；未填压前可稍做校正并填压。注意：填压必须为手动。

· 清理把手

在将已填压完成的把手嵌入冲煮头前，咖啡师必须先清理把手的表面，以免咖啡粉残留在把手上。

· 立即萃取

当咖啡粉填压完成，立即将杯子置于水盘上，并马上开始萃取。

· 按规定的萃取时间完成

开始萃取时便会马上计时，考官必须考虑不同需求量的浓缩咖啡的萃取时间，如单份浓缩咖啡、双份浓缩咖啡、双倍浓缩等，而咖啡师也必须在制作前向考官说明自己制作的是哪类。

打奶泡步骤

1. 清洁奶钢
2. 蒸前放汽
3. 清洁蒸汽棒
4. 蒸后放汽
5. 确保残奶量不超过规定量

· 清洁奶钢

认证开始时，奶钢就必须在完全干净、没有残留物的状态下才可使用。

· 蒸前放汽

在开始蒸奶之前，必须先将蒸棒内部的残水喷出。

· 清洁蒸汽棒

完成蒸奶后，必须马上清除蒸棒外表残留的牛奶。

· 蒸后放汽

在清洁蒸棒外表的牛奶后，也要马上将蒸棒内部的残奶喷出。

· **确保残奶量不超过规定量**

结束拉花后，每个奶钢剩余的牛奶不可超过60毫升。特别说明：此为单独计算，并非将所有剩余牛奶相加后平均。

评分标准

完成度

拉花效果越接近要求的图样越好。以白级来说，除了完成最低要求外，表现出更高技术也是可以的，例如：在白级认证中可完成一杯四层郁金香的卡布奇诺，而最低要求是一杯至少三层郁金香的卡布奇诺。这时，四层郁金香的卡布奇诺可视为完成要求。此规则可类推至其他等级，但必须先告知考官。若是咖啡师创造了与要求完全不符合的图样（例如将郁金香换成叶子、或是无图样的卡布奇诺），则整栏分数皆视为无效，且有影响其他评分的可能。此外，拉花过程必须是以直接注入法的形式完成，不能依靠任何雕花器具。

容量

若拉花完成后其容量较杯口少3毫米以上，视为“未满”，则容量栏位评分将为0分。此外，若是在过程中有洒出的情况，容量栏位评分也为0分。

质量

拉花完成后，质地必须滑顺细致且无肉眼可见的粗糙泡沫。

对比

图样须展现完美对比，咖啡与牛奶间的界线要清晰，不互相干扰。

对称性

图样必须位于杯子正中央，呈现左右（上下）对称的图形。各级有其不同的对称性误差允许范围。

图样定义

图样指规定的拉花技巧标准。指定的图样均有明确描述，如三层郁金香、七层叶子。拉花过程必须以直接注入法的形式完成，并对称于杯口，因此不需要雕花技术或是其他食材辅助（可可、色素等）。指定图样都有参考范例，但咖啡师仍可以发挥创意。当操作复杂及复合图样时，咖啡师可选择较大的杯子，注意杯子最大容量必须在规定范围内。

分级技术表

等级	测验时间	及格分数	最高得分	对称性误差允许范围	认证图样
白级	6 分钟	26	40	20°	2 杯卡布奇诺 1 杯卡布奇诺：至少六层叶子 1 杯卡布奇诺：至少三层郁金香
橘级	9 分钟	61	80	20°	3 杯卡布奇诺 +1 杯浓缩咖啡 2 杯卡布奇诺：至少四层郁金香 1 杯卡布奇诺：至少八层叶子 1 杯浓缩咖啡：至少三层郁金香
绿级	12 分钟	99	120	15°	4 杯卡布奇诺 +2 杯浓缩咖啡 2 杯卡布奇诺：至少六层郁金香 2 杯卡布奇诺：翻转叶子与至少四层郁金香 2 杯浓缩咖啡：至少四层郁金香
红级	15 分钟	99	120	10°	4 杯卡布奇诺 +2 杯浓缩咖啡 2 杯卡布奇诺：至少八层郁金香 2 杯卡布奇诺：翻转叶子与至少六层郁金香 2 杯浓缩咖啡：至少六层郁金香
黑级	15 分钟	99	120	5°	4 杯卡布奇诺 +2 杯浓缩咖啡 1 杯卡布奇诺：至少十五层螺旋叶 1 杯卡布奇诺：至少九层翻转郁金香 2 杯卡布奇诺：至少四条线性叶子 1 杯 浓缩咖啡：至少六层螺旋叶 1 杯浓缩咖啡：至少八层郁金香

从比赛认识咖啡拉花

目前全世界咖啡拉花比赛非常多，咖啡师可从咖啡拉花的比赛中，更加快速了解这门技术并加以学习。以下列出目前几个较具规模的国际咖啡组织及国际性比赛。

WCE（世界咖啡赛事组织，World Coffee Event）

由全球精品咖啡协会（SCA）的人员共同策划的各项咖啡赛事。包含烘焙、杯测、冲煮、咖啡调酒、咖啡师、拉花等。其中世界拉花技巧锦标赛（World Latte Art Championship）便是由SCA主办，赛事包含直接注入法与雕花技巧。

PCA（专业咖啡锦标赛，Professional Coffee Athletics）

在比赛规定的时间内，完成指定的直接注入手法，考验选手咖啡出杯的速度与稳定性品质。赛事主要针对颜色对比干净度、图形位置控制、拉花图形创意、图形设计困难度与速度作出评分。

Coffee Fest World Latte Art Championship（咖啡集会世界拉花技巧大赛）

此赛事是在美国境内举办的咖啡拉花活动，全球选手经过选拔后，采取一对一淘汰赛方式晋级比赛。比赛时，须在指定时间内完成直接注入法的图形，评审以投票方式进行，选手3：0或2：1获胜晋级。

图书在版编目（CIP）数据

咖啡拉花全技巧：新手也能学会的25款创意拉花 / 老爸咖啡拉花艺术认证所著. — 北京：中国农业出版社，2022.8

ISBN 978-7-109-29620-6

Ⅰ. ①咖… Ⅱ. ①老… Ⅲ. ①咖啡－配制 Ⅳ. ①TS273

中国版本图书馆CIP数据核字（2022）第116797号

合同登记号：图字01-2021-4768

咖啡拉花全技巧：新手也能学会的25款创意拉花

KAFEI LAHUA QUAN JIQIAO：XINSHOU YE NENG XUEHUI DE 25 KUAN CHUANGYI LAHUA

中国农业出版社出版

地址：北京市朝阳区麦子店街18号楼

邮编：100125

责任编辑：黄　曦　　　文字编辑：黎　岳

版式设计：水长流文化　　责任校对：吴丽婷

印刷：北京缤索印刷有限公司

版次：2022年8月第1版

印次：2022年8月北京第1次印刷

发行：新华书店北京发行所

开本：710mm × 1000mm　1/16

印张：8.5

字数：180千字

定价：48.00元